美丽中国海

⚲东海

于潇湉 / 主编　于潇湉 陈灼 朱妃嫣 / 著

哐当哐当工作室 / 绘

U0258749

中信出版集团 | 北京

图书在版编目（CIP）数据

美丽中国海. 东海 / 于潇湉主编；于潇湉，陈灼，
朱妃嫣著；哐当哐当工作室绘. -- 北京：中信出版社，
2024. 11. -- ISBN 978-7-5217-6724-7

Ⅰ. P722-49

中国国家版本馆 CIP 数据核字第 2024VH2435 号

美丽中国海·东海

主　　编：于潇湉
著　　者：于潇湉　陈灼　朱妃嫣
绘　　者：哐当哐当工作室
封面插图：庞旺财
出版发行：中信出版集团股份有限公司
　　　　　（北京市朝阳区东三环北路27号嘉铭中心　邮编　100020）
承 印 者：北京尚唐印刷包装有限公司

开　　本：889mm×1194mm　1/16　　印　张：3　　字　数：100千字
版　　次：2024年11月第1版　　印　次：2024年11月第1次印刷
书　　号：ISBN 978-7-5217-6724-7
定　　价：25.00元

亲爱的乘客，欢迎来到东海。我是你的导游奋斗者号，很高兴为你服务。至于我的导游资格嘛，你就放一百个心。毕竟作为中国自主研发的万米载人潜水器，我可是连全世界最深的马里亚纳海沟都去过。2020年，我成功下潜突破1万米，达到10 058米，这平均水深300多米的东海完全是我的舒适区。

东海龙宫虽然只是传说里的宝库，不过东海里确实有很多好东西。无论是巨大的抹香鲸还是壮丽的巨藻森林，我都可以带你去看看。请你放心乘坐，回头可要记得给我五星好评哟。

这就是东海

东海是中国三大边缘海之一。它指中国东部长江口外的大片海域，总面积超过 70 万平方千米。东海是中国岛屿最多的海域，我国第一大岛台湾岛以及第三大岛崇明岛都位于东海海域。

盐度

受地表径流的影响，长江口附近的东海海域盐度最低，夏季可以低到 5‰ 以下。冬季东海海水要更咸一点儿，有些地方的盐度可以达到 34‰，是长江口夏季盐度的 6 倍多。

温度

东海的水温每年 8 月最高，2 月最低。夏季表层水温在 28℃ 左右。一般来说，沿岸水温会比外海高，南部水温会比北部高。

风暴潮

在东海沿海区域，主要海洋灾害为风暴潮。

由台风引起的风暴潮就叫台风风暴潮。每年到了夏、秋季节，东海的脾气就会不由自主地"暴躁"起来。由于台风强度大，移动迅速，所产生的风暴潮增水大，其危害也大。

东海平均水深 370 米，最深的地方在冲绳海槽南端，最大水深可以达到 2 719 米。

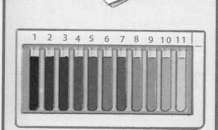

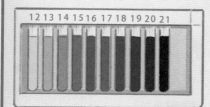

水色

海洋中水呈现的颜色就是水色。东海西部沿岸水色全年为 6~20 号（跨度还挺大）。长江口附近冬季水色为 20~21 号，夏季为 18~20 号。

入海河流

注入东海的河流主要有长江、钱塘江、瓯江、椒江、闽江、九龙江及晋江。

天然鱼仓

在日常生活里，大家经常会说到"福如东海"这句吉祥话。这句话所言非虚。东海确实是块福地，是中国海洋生产力最高的海域。舟山渔场被誉为我国海洋鱼类的宝库。

不可思议，海边城

东海边的各大城市就像是璀璨的群星，个个都有自己的闪光点。

▼ 江心屿

浙江省温州市——出众不止一点

温州东濒东海，是浙江省经济强市之一，不过温州拿得出手的可不止这一点。论起自然资源，它也不会输，南麂列岛有"贝藻王国"的美誉，江心屿则号称"瓯江蓬莱"。

浙江第二大河瓯江，经温州入东海。瓯江水裹挟的泥沙沉积下来，形成了江中沙洲，称江心屿。风景秀丽的江心屿是我国四大名屿之一。

▶ 贝藻王国

温州的南麂列岛是一片由 52 个海岛和数十个明礁、暗礁组成的保护区。这里拥有丰富的贝类、藻类和鱼类，其中贝类 427 种，约占我国海洋贝类总数的 30%；大型底栖藻类 178 种，约占我国海洋藻类总数的 25%，有"贝藻王国"之称。

南麂列岛的"麂"指的是一种小型鹿。从空中俯视的话，南麂列岛的主岛南麂岛外形很像麂子。

浙江省宁波市——直挂云帆济沧海

宁波位于浙江省东部，地处东海之滨。由于优越的地理条件，宁波和航海结下了不解之缘。

▼ 徐福东渡的传说

秦始皇曾命徐福出海寻找长生不老药，相传，徐福第二次东渡就是从宁波的达蓬山出发前往日本的。

◄ 港通天下

早在唐朝时，宁波就与扬州、广州并称中国三大对外贸易港口。现今，宁波舟山港是货物吞吐量世界排名数一数二的港口。

▼ 天堑变通途

杭州湾跨海大桥建成通车，使得整个长江三角洲的交通格局发生了翻天覆地的变化。从宁波去上海不用再走"V"字形路线绕道杭州了。

以下是温州、宁波两个城市的特色美食，你能猜出它们分别来自哪个城市吗？

◄ 江珧柱

栉江珧的闭壳肌干制品，被称为江珧柱。用江珧柱炖出的汤，汤汁浓郁，味道鲜美。

◄ 红膏炝蟹

东海盛产梭子蟹。名菜红膏炝蟹就是一道以梭子蟹作为主要食材的美味佳肴，用盐卤浸泡生螃蟹制作而成，咸香入味，口感细腻，风味独特。

► 敲鱼

这是一种特殊的烹饪方式。新鲜的鱼肉去骨后，撒上干淀粉，用木槌敲成鱼片，放进沸水里煮熟，就是一道特色美食。鱼片光滑洁白，吃起来鲜美无比。

答案：
红膏炝蟹：温州　江珧柱：宁波　敲鱼：温州

5

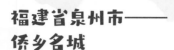

福建省泉州市——
侨乡名城

与台湾省隔海相望的泉州，不仅是著名的侨乡和台胞祖籍地，也是国务院第一批公布的24个历史文化名城之一。

▲ 六胜塔

六胜塔位于福建泉州市石狮市石湖村海滨，又称"石湖塔"，它是古代泉州港的助航标志。2021年，"泉州：宋元中国的世界海洋商贸中心"被列入《世界遗产名录》，六胜塔就是其22处代表性古迹遗址之一。

福建省厦门市——
海上花园

厦门这座"海上花园"有个美丽的别称叫"鹭岛"，这是因为相传厦门古时有白鹭云集。

台湾省基隆市——雨港

基隆市位于台湾岛的北端，号称"台湾头"。这里雨量之丰，不仅在我国沿海一带的众多港口中独一无二，在全世界也是最多雨的港口之一。基隆全年降雨日超200天。

台湾省高雄市——多功能港口

高雄是台湾省第二大城市，集商港、渔港及工业区于一体。这里的水产养殖十分发达，同时它也是亚太地区主要散装货物装运中心，以及重要的集装箱运输港口之一。

以下是泉州、厦门、基隆、高雄四个城市的特色美食，你能猜出它们分别来自哪个城市吗？

▶ 蚵仔煎

蚵仔就是牡蛎。蚵仔煎是一种饼状食物，用加水后的番薯粉浆包裹蚵仔、鸡蛋、葱等食材煎成。

▶ 红蟳米糕

红蟳是青蟹在闽南语地区的俗名。红蟳配上糯米，可以说是一道饭菜合一的佳肴。

▶ 土笋冻

土笋冻看起来晶莹剔透，它的主要材料是一种俗称"土笋"的环节软体动物。经过熬煮后，其所含的胶质溶入水中，冷却成果冻状即为土笋冻。

▼ 清蒸黑鲷

黑鲷肉质细嫩，味道鲜美，最经典的吃法之一就是清蒸。将鲜活的黑鲷处理洗净，鱼肚内塞入姜片，入锅蒸熟，再撒上葱段、淋上豉油酱汁即可享用。

答案：
蚵仔煎：厦门　清蒸黑鲷：基隆
红蟳米糕：高雄　土笋冻：泉州

与众不同的海岛

"阳光、沙滩、海浪、仙人掌，还有一位老船长！"东海的海岛充满了传奇的味道。

台湾岛

台湾岛是台湾省主岛，也是我国第一大岛，有着"宝岛"的美名。日月潭是台湾省最大的天然湖泊，也是岛上著名的风景名胜之一。

> 日月潭是台湾省最大的天然湖泊。

▲ 光华岛

日月潭是台湾八大景之一。潭当中有个小岛，从远处望过去就像是水面上漂浮着一颗明珠，所以得名珠屿，后来改名为光华岛。

东山岛

东山岛隶属于福建省漳州市东山县，因岛似蝴蝶，所以也叫"蝶岛"，是福建省第二大岛。岛上有风来则动的风动石，还住着勤劳的惠安女。

> 在东山岛上小头朝下站了那么多年，狂风吹来，摇摇欲坠，险而又险，大家都赞我是"天下第一奇石"。

▼ 节约衣，浪费裤！

惠安女服饰独具特色。"节约衣"是指衣短露脐；"浪费裤"指的是姑娘们的黑裤子特别宽大。

金门岛

金门岛是金门群岛的主岛，位于福建省东南海域。相传郑成功当年就是在这里出兵收复台湾。而守护金门岛的，除了郑成功，还有石狮子。

▶ 守护之神"石狮子"

> 岛民们相信我是他们的守护神！

崇明岛

崇明岛在上海市北部，东临东海，是世界上最大的沙岛和河口冲积岛，号称"长江门户"。

◀ 东方蟹岛

崇明岛上水渠交错，田地纵横。因盛产螃蟹，素有"东方蟹岛"之美称。

舟山群岛

位于浙江省东北部、长江口以南、杭州湾外东海中的舟山群岛是我国沿海最大的群岛。它的主岛舟山岛是我国第四大岛。舟山群岛共有 103 个大小岛屿有人居住，有些岛上的民俗十分有趣。

▼ 群岛多趣闻

群岛岛屿众多，有些小岛渐渐发展成了别具特色的渔村。

玩沙子是件正经的大事，舟山群岛上的朱家尖岛每年都会举办"中国舟山国际沙雕节"。

横山岛

横山岛在浙江省宁波市宁海县，因为岛的形状而得此名，无论你从哪个角度观岛，皆成横形，状如"山"字。古时宁海地区很重视嫁女儿，民间有说法："千工床，万工轿，十里红嫁妆。"

▲ 十里红妆

人们曾用"良田千亩，十里红妆"来形容女子嫁妆的丰厚。

▼ 碧海仙山

南麂列岛享有"碧海仙山"的美誉。这里的海水终年清澈蔚蓝。岛上的岩石受海浪长年侵蚀，形成了海蚀崖、柱、穴、平台等奇特景观。

南麂列岛

南麂列岛附近海水平均能见度可达 6 米，是浙江省乃至全国少有的终年清水区。

海滩来信了

在我国东海沿岸的上海市、浙江省、福建省以及台湾省，有许多风格各异的海滩。瞧，这些独一无二的海滩寄来了明信片！

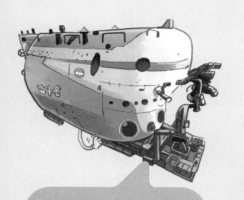

贝壳沙滩干净又柔软，给人浪漫的舒适感！

大沙岙海滩，贝壳沙填满

大沙岙海滩地处浙江省温州市南麂列岛风景区，这里沙质细腻柔软，踩上去不会留下明显的痕迹，是理想的日光浴和休闲场所。欢迎大家来玩儿！

崇武海岸金沙绕

海岸边的崇武古城

凭借着沙质细软和海水碧蓝，这里成为福建省泉州市崇武镇颇受欢迎的度假场所之一。12 个金沙滩分布在崇武海岸线上，而崇武古城可以让你感受到浓厚的历史文化底蕴。

宝岛台湾，野柳海岸

在位于台湾省新北市的野柳海岸，如果你沿着这里的海滩行走，就会看到独特的奇岩怪石。这里由特殊海蚀地形构成，有蕈状石、烛状石、豆腐石等各种奇特的地貌景观。

普陀千步沙沙滩

在浙江省舟山市的普陀千步沙沙滩，可以踏沙戏水，远眺海天一色。请静静漫步千步沙吧！

> 我叫千步沙，我弟弟叫百步沙，就在隔壁。我的上沿被植被覆盖，这在其他沙滩是很难见到的！

> 想感受闽南渔家原生态，来这里没错！

厦门黄厝的天然海滩

黄厝海滩位于福建省厦门市，身边绿意盎然的椰林和形态各异的奇石，守护着这一片海天相接的浪漫之地。

东山岛特别保护的乌礁湾

乌礁湾在福建省漳州市的东海之畔。独特的黑色礁石群为这里平添了几分神秘。

为什么有的海滩那么长？

海滩的长度是多种自然因素相互作用的结果，既有短期的海洋动力作用，又有长期的地质构造变迁影响。在暴风雨来临之际，长长的海滩可以起到一定的缓冲和吸收海水冲击力的作用，从而保护海岸和内陆地区的安全。

白鹭

蜈蚣藻

亲近大海的好地方

红颈滨鹬

孔石莼

肠浒苔

铁嘴沙鸻

有人说东海的海边细沙铺地，最适合光脚踩上去了；有人却抱怨东海的海边泥泞难走，穿上雨鞋才能勉强蹚过；还有人会说东海的海边怪石嶙峋。为什么会有不同的说法呢？因为东海的海岸有好几种。

大竹蛏

西施舌

韦氏毛带蟹

胜利黎明蟹

斑玉螺

细雕刻肋海胆

秀丽织纹螺

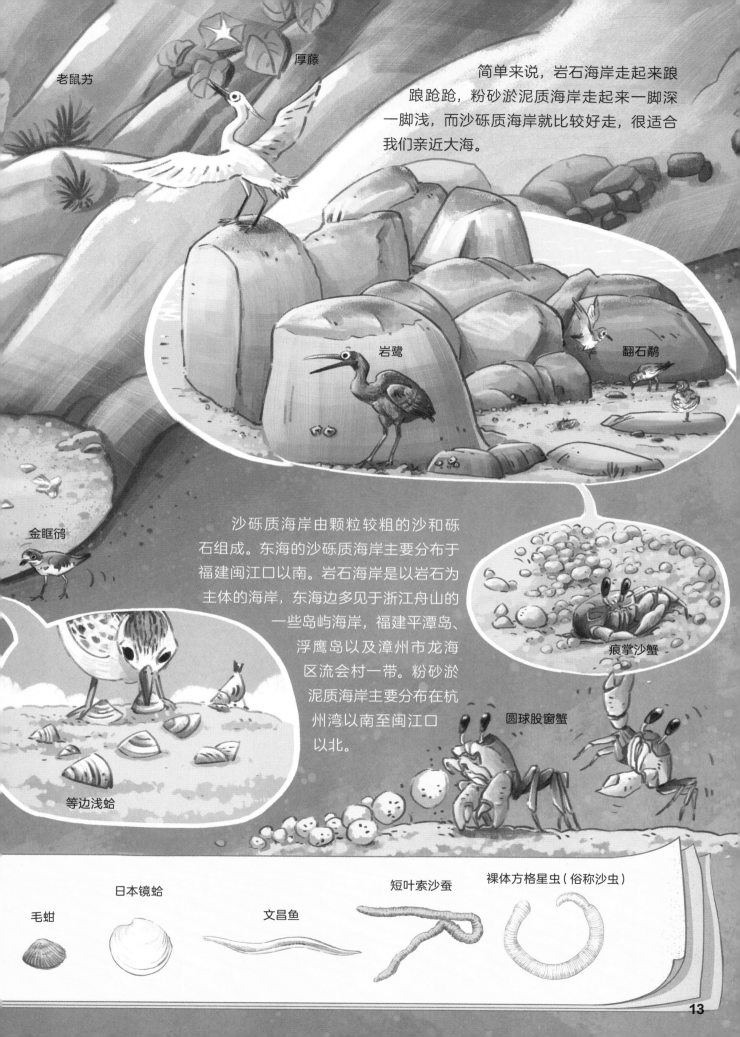

老鼠芳

厚藤

简单来说，岩石海岸走起来跟跟跄跄，粉砂淤泥质海岸走起来一脚深一脚浅，而沙砾质海岸就比较好走，很适合我们亲近大海。

岩鹭

翻石鹬

金眶鸻

沙砾质海岸由颗粒较粗的沙和砾石组成。东海的沙砾质海岸主要分布于福建闽江口以南。岩石海岸是以岩石为主体的海岸，东海边多见于浙江舟山的一些岛屿海岸，福建平潭岛、浮鹰岛以及漳州市龙海区流会村一带。粉砂淤泥质海岸主要分布在杭州湾以南至闽江口以北。

痕掌沙蟹

圆球股窗蟹

等边浅蛤

毛蚶

日本镜蛤

文昌鱼

短叶索沙蚕

裸体方格星虫（俗称沙虫）

把大海当被子——东海大陆架

大陆架是陆地的一部分。海水覆盖在大陆架上，像是为它盖上了一床蓝色的被子。东海大陆架是中国大陆向东海海区的自然延伸，占东海总面积的 67%，是世界上最宽广的大陆架之一。这里光照充足，生活着很多水生生物，人类也经常在此活动。

▼ 环礁

▼ 大陆架

白带鱼

大黄鱼

蓝圆鲹

乌鲳

竹荚鱼

大陆架下的宝藏

东海大陆架的矿产资源非常丰富，除了石油、煤、铁这些常见的矿产资源以外，还有滨海砂矿。滨海砂矿是一种海底沉积物矿产，具有工业价值，东海大陆架蕴藏有金红石、锆石等稀有矿物资源。

除了生机勃勃的大陆架，还有更多神秘的海底地形等你探索，如高大的海山、小巧的海丘、深邃的海沟和广阔的深海平原。每个地方都藏着不同的海底秘密和奇妙生物。

▼ 火山岛

▼ 海底平顶山

红笛鲷

大海里的宝藏

这里有热量，有光线，饵料丰富，所以海洋物种多，更是大型渔场所在地。除了沉积物，这儿还有陆地上入海江河带来的源源不断的营养物质。

蛇鲻

你好，绿藻！

你知道吗？在波涛万顷的东海有着美丽多姿的藻类世界。海里的藻类既有微藻，也有大型海藻。微藻一般无法用肉眼看到，大型海藻则大到能构成水下森林。

仙掌藻

仙掌藻能够帮助造礁和修补珊瑚礁，因长得和仙人掌很像而得名。这是一种含钙藻，只有当水里有足够的钙时才能茁壮生长。

长茎葡萄蕨藻

这是一种具有经济价值的可食用海藻，吃起来味道和口感都很接近鱼子酱。它的直立茎球状体晶莹剔透，看起来很像葡萄，所以也被称为"海葡萄"。

刚毛藻

刚毛藻有100多种，大多对酸碱度较敏感，可以通过它们来观察水体的酸碱度。

绿藻是大型海藻的一种，且种类繁多，来和东海的绿藻打个招呼吧。

礁膜

礁膜藻体薄而柔软，在沸水里一煮就烂，所以有些地方管它叫"下锅烂"。礁膜在海藻中以味道鲜美著称，也可以当药材用。

如果你用上显微镜，就能发现它的藻体仅由一层薄薄的细胞构成。

刺松藻

刺松藻高 10~30 厘米，这在绿藻中也算是大型种类。它有许多分枝，长得繁盛的单株看起来犹如丛生藻。

刺松藻幼藻体营养丰富，可以食用。没想到吧，它还可以当驱虫药。人体内的蛔虫很怕它！

海中的秘密森林

海藻是个大家族，有 100 多种，其中有一种堪称"造林小能手"，那就是巨藻。东海里有一大片巨藻林。

▼ 巨藻是世界上生长最快的物种之一，如果条件适宜，藻体每天可以生长 60 厘米。

海藻之王

巨藻是海洋中最大的藻类。它藻体巨大，可长到几十米，甚至上百米，有"海藻王"之称。

海豹的保护神

海豹的自保小绝招就是尽量在浅海边的巨藻丛里活动。巨藻的叶片会在鲨鱼身上拂来拂去，鲨鱼可受不了这种挠痒痒，它们就只能在海藻丛外游弋，等待猎物出现。

斑海豹

白斑角鲨

固着器

巨藻没有真正的根。那些像根的部分其实是它的固着器。虽然只是假根，但它的固着根可不比真正的根差。为了能牢牢抓住海底的岩石，它的直径可以达到1米。

海底森林的天敌

巨藻有个天敌，那就是喜欢吃巨藻的海胆。海胆主要啃食巨藻的固着器。一旦固着器被破坏，巨藻就会死去漂浮到海面上。

比目鱼

六线鱼

日常"游泳圈"

巨藻的叶片上生有近球状的气囊，气囊可以产生足够的浮力，巨藻拿它们当"游泳圈"来用。靠着这些气囊，巨藻的上半部就能浮起来漂浮在海面上，进行光合作用。

东海"龙宫"住着谁?

东海不同的深度, 为海洋生物提供了不同的生活环境。比起北边的渤海和黄海, 这里的水温和盐度更适宜, 简直是浮游生物繁殖和生长的天堂。

那么, 这座东海"龙宫"里到底住着哪些奇妙的"居民"呢?

现在就让我们一起探秘一下吧!

日光区

此处阳光能直穿水面, 为无数依赖光合作用的生命提供了能量。日光区的生物很多, 但它们通常体格不大, 包括丰富的浮游植物群落, 这一区域也是众多浮游动物的栖息地。

中华白海豚

沙海蜇

六斑刺鲀

条石鲷

刺海马

绿鳍马面鲀

黄唇鱼

大黄鱼

三角褐指藻

小球藻

无斑鹞鲼

中华鲟

中国团扇鳐

棱皮龟

白色霞水母

细点圆趾蟹

绿紫菜

海蛇

松江鲈

光虹

鮟鱇

欧氏荆鲨

阿里小角虹

黑斑条尾虹

达氏七鳃鲨

乌贼

抹香鲸

扁尾海蛇

暮光区

继续往下不断探索！你会觉得自然光线已然减弱至肉眼难以捕捉的地步。然而，有一些发生物却生活在这里。它们发出的生物荧光或冷光，宛如大海里的星辰。

午夜区

东海的午夜区，阳光已彻底被厚重的海水阻隔在外。此处水压巨大，对大多数生物都构成了极其严苛的生存挑战。然而令人惊叹的是，许多生物却能够凭借其非凡的身体构造与生理机能，悠然游弋在这片常人难以触及的神秘区域。

潜水冠军——抹香鲸

在东海深处，时不时有一抹巨大的身影出现，它的脑袋方方的，好像集装箱。它，是抹香鲸吗？

偷偷去看看！

让我听听大王乌贼在哪里……哪里呢……

哈！原来你在这里！

睡眠仪式感十足

头部朝上，一动不动——没见过吧，抹香鲸竖着睡觉！睡觉时完全不用呼吸！左右脑交替休息，每次只睡 10～15 分钟，就能精神满满！

咔嗒

咔嗒

深海中的大嗓门

抹香鲸能够发出高达 230 分贝的声音，比一吨炸药爆炸时所产生的声响还要大！凭借强大的生物声呐系统，它们可以在一片漆黑的深海中精确定位，轻松锁定千米之外的猎物。

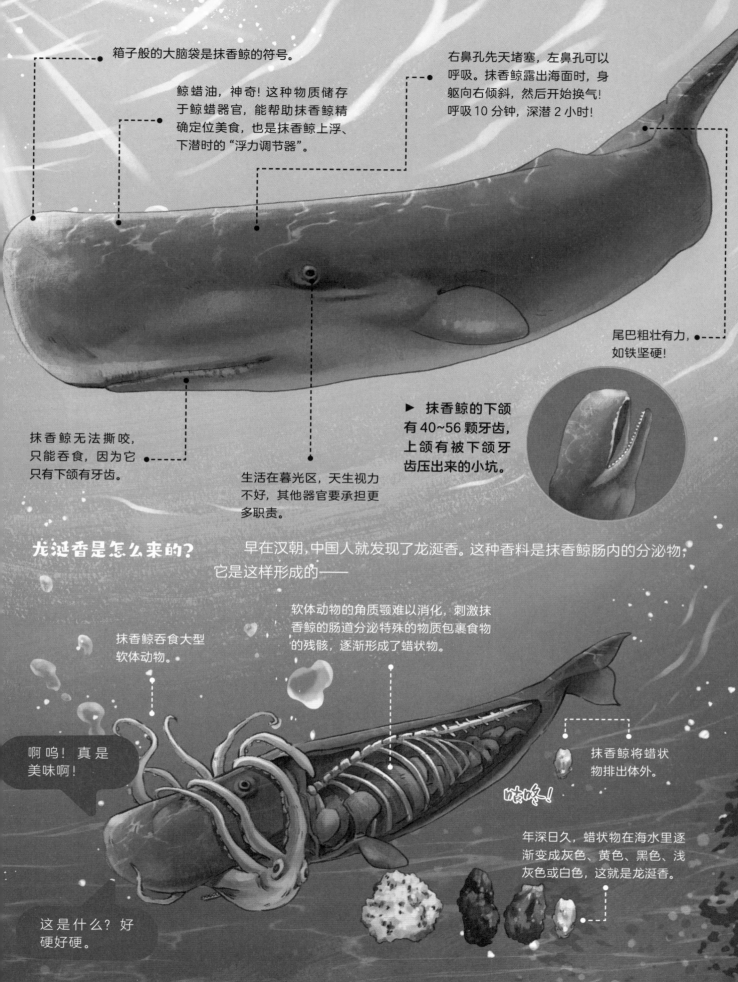

箱子般的大脑袋是抹香鲸的符号。

鲸蜡油，神奇！这种物质储存于鲸蜡器官，能帮助抹香鲸精确定位美食，也是抹香鲸上浮、下潜时的"浮力调节器"。

右鼻孔先天堵塞，左鼻孔可以呼吸。抹香鲸露出海面时，身躯向右倾斜，然后开始换气！呼吸 10 分钟，深潜 2 小时！

尾巴粗壮有力，如铁坚硬！

抹香鲸无法撕咬，只能吞食，因为它只有下颌有牙齿。

生活在暮光区，天生视力不好，其他器官要承担更多职责。

▶ 抹香鲸的下颌有 40~56 颗牙齿，上颌有被下颌牙齿压出来的小坑。

龙涎香是怎么来的？

早在汉朝，中国人就发现了龙涎香。这种香料是抹香鲸肠内的分泌物，它是这样形成的——

软体动物的角质颚难以消化，刺激抹香鲸的肠道分泌特殊的物质包裹食物的残骸，逐渐形成了蜡状物。

抹香鲸吞食大型软体动物。

抹香鲸将蜡状物排出体外。

啊呜！真是美味啊！

咕咚！

这是什么？好硬好硬。

年深日久，蜡状物在海水里逐渐变成灰色、黄色、黑色、浅灰色或白色，这就是龙涎香。

会游泳的活化石
——中华鲟

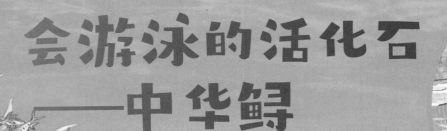

中国特有物种中华鲟在长江中上游产卵，幼鱼在江水里随着水流一路向东，从长江入海口进入东海，在海中生长发育。成年后，它们会洄游几千千米，再次回到出生的故乡进行繁衍。

我的老朋友们早就变成了化石留在了远古，而我顽强地生存了下来，向现代人类讲述着远古时代的生物面貌和鱼类进化的过程。所以，科学家们就把我们中华鲟亲切地称为"活化石"。

中华鲟为什么是国宝？

它呀，既罕见又古老，作为中国特有的、存在了上亿年的"活化石"，对长江生态平衡至关重要，且极具科研文化价值。所以，中华鲟被列为国家一级重点保护野生动物，享有"国宝"之称。

尾鳍很像飞机尾翼，这正是生物进化的印记！

中华鲟体外有五行大而硬的骨板，这古老的盔甲守护了它上亿年！

眼睛小巧且藏于喷水孔旁，视力欠佳，依赖四条灵敏的吻须感知和捕捉猎物。

中华鲟没有牙齿，它用强健的肌肉挤压，将鱼虾变成肉泥。短粗有力的吻是中华鲟的特征之一。

中华鲟的秘密还有很多，追踪装置可以帮助我们了解它。2004年11月，一艘渔船捕鱼时，误捕一尾中华鲟。

这尾中华鲟体外带有"沪鲟保2004-010"标志牌，体内还带有被动整合雷达标记（PIT），号码为4542467449，经确认为2004年9月在长江口放流的中华鲟。

为了掌握放流的中华鲟在江水中的相关信息，放流鱼身上可携带的标记有PIT标记、T形标记、声呐标记、卫星标记、DNA标记等。

T形标记：体外标记，标有唯一编号、放流单位及联系方式。可根据此标简单判断是放流的标记鱼。

PIT标记：中华鲟被放归前，会有这么一个"身份证"，标有唯一编码。

DNA标记：研究人员通过这个标记可以帮中华鲟找到爸爸妈妈。太棒了！

卫星标记：记录！咻！发送成功！这里的海洋环境信息收到了吗？

声呐标记：可以通过声呐向1 000米以内的接收器发送信号，告诉研究人员中华鲟的洄游过程。

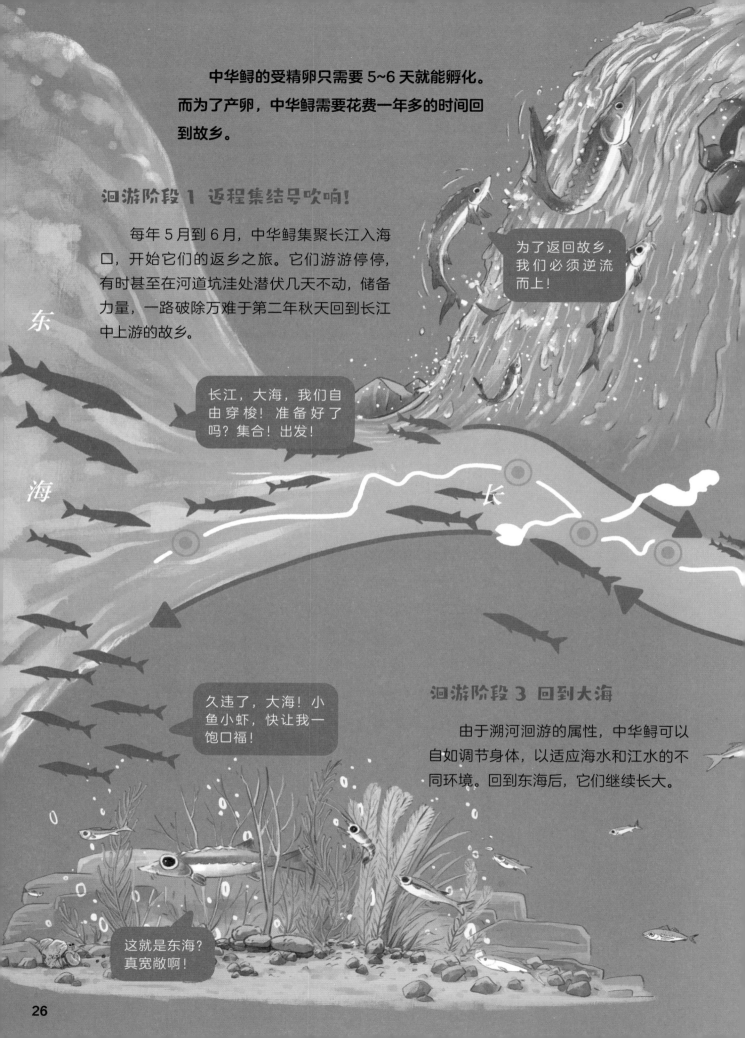

中华鲟的受精卵只需要 5~6 天就能孵化。而为了产卵，中华鲟需要花费一年多的时间回到故乡。

洄游阶段 1 返程集结号吹响！

每年 5 月到 6 月，中华鲟集聚长江入海口，开始它们的返乡之旅。它们游游停停，有时甚至在河道坑洼处潜伏几天不动，储备力量，一路破除万难于第二年秋天回到长江中上游的故乡。

东

海

长

为了返回故乡，我们必须逆流而上！

长江，大海，我们自由穿梭！准备好了吗？集合！出发！

久违了，大海！小鱼小虾，快让我一饱口福！

洄游阶段 3 回到大海

由于溯河洄游的属性，中华鲟可以自如调节身体，以适应海水和江水的不同环境。回到东海后，它们继续长大。

这就是东海？真宽敞啊！

洄游阶段 2 寻找产卵场

中华鲟在长江中上游产卵，它们的卵小小的，黏附在石头上。不过，90% 的鱼卵都会被吃掉，只有在石头夹缝里的卵才会存活下来。

孵化出的幼鱼，经历藏匿、边滩浅水区索饵、不断躲避敌害等历练，逐渐具备了游向大海的能力。

是时候带着宝宝们回到海里了，出发！

中华鲟有话说

·1963 年，我国鱼类学家伍献文给中华鲟取了这么一个有温度的名字。

·每年 3 月 28 日，是中华鲟保护日。

·如果在野外看到受伤的中华鲟，请简单记录并拍照，然后联系渔政部门。

·历史上，中华鲟曾在黄河、长江、珠江等水系进行繁殖。它们游历在中国多个水系，见证了中华文明的发展。

海鸟飞来东海边

东亚一澳大利西亚迁徙线是全球主要的候鸟迁徙路线之一。对远渡重洋的鸟儿来说，东海是很重要的停歇地。在这里，除了企鹅，其他海鸟都可以看到。

短尾信天翁

信天翁可是世界飞行冠军！它们可以连续飞行十几个小时，一次能飞 600 多千米。不过，它们的繁殖地全世界所剩无几，我国东海的钓鱼岛与赤尾屿是它们为数不多的家。

我的喙上长有管状的鼻孔。

我的双翅展开来有三米多，是不是比你和朋友两个人伸直胳膊手拉手还宽？

我这发型很别致吧？我叫卷羽鹈鹕，就是因为头上的羽冠呈卷曲状。

我的嘴巴又宽又大，下面还有个可以收缩的喉囊，吃鱼可以一口吞，特方便。

卷羽鹈鹕

鹈鹕是世界上体形最大的鸟类之一。别看卷羽鹈鹕重达 13 千克，照样能飞起来！它们在东海沿海及岛屿越冬。

褐鲣鸟

它们在宝岛台湾繁殖。渔民们知道跟着它们就能找到鱼群，所以这种鸟又被称作"导航鸟"。

我的尾脂腺能分泌一种油脂，可以帮助羽毛防水和防虫。

我有个抓鱼绝招，经常会从高处俯冲入海。

中华凤头燕鸥

中华凤头燕鸥在东海岛屿上繁殖，它们个头中等，有橘黄色的嘴，嘴的尖端是黑色的。这种鸟很聪明，会跟在渔船后面，捡走被螺旋桨打晕的鱼。

组建小家庭一定要挑个好地方！整个东海只有韭山列岛、五屿山列岛、马祖列岛、澎湖列岛这四处可以进入我们的筑窝名单。

我们中华凤头燕鸥特别稀罕，让我数一下，现在全世界差不多有 150 只吧。

名字里带"贼"字，是因为我会掠夺其他鸟类的食物。

中贼鸥

中贼鸥堪称海陆空三栖"全能型"鸟类。它们不仅善飞行，喜游泳，在陆地上行走也很灵活。

我还会跟着轮船飞，那样就能吃到人们的剩饭了。

我看起来很像海鸥，不过我的一对尾羽特别长，所以很好辨认。

我轻功了得，抢东西的时候，我能不断转弯和上下翻飞。

白尾鹲

白尾鹲非常神秘，多半时间生活于海上，只有繁殖期才会靠近陆地。偶见于台湾省。

中华凤头燕鸥的故事

东海生活着很多珍稀生物。要是说到东海的鸟类，最值得一提的非中华凤头燕鸥莫属。关于它们，你了解多少呢？

判断一下吧。

1. 这个家族的成员很少。（　　　）
2. 中华凤头燕鸥已经灭绝了。（　　　）
3. 因为数量太过稀少，中华凤头燕鸥已经无法形成有效的群体，但它们会机智地躲在大凤头燕鸥群中进行繁殖。（　　　）

答案：1.√ 2.✕ 3.√

找找看，你能从一群大凤头燕鸥中找到中华凤头燕鸥吗？

大凤头燕鸥

▼ 答案

中华凤头燕鸥那橘黄色的鸟喙前端有一抹黑色。

与灰黑色的大凤头燕鸥相比，中华凤头燕鸥的羽色偏白。

中华凤头燕鸥

1861 年，博物学家伯恩斯坦在印度尼西亚东部的一座小岛上，见到了一种不认识的奇特小鸟。

经荷兰国家自然博物馆的鸟类学家鉴定，这是一种新物种。没错，这种鸟就是中华凤头燕鸥。

1937 年 7 月，中国动物学家在山东青岛的两座岛屿上采集到了 21 只中华凤头燕鸥标本。大部分标本在战争中不幸丢失，仅有两个得以保存下来，被保留在中国科学院动物研究所。

已经到了 1999 年了，还是没能发现中华凤头燕鸥的踪迹，这种鸟很有可能已经灭绝了。

在此后长达 60 多年的时间里，中华凤头燕鸥从人们的视线中消失了。

1999 年
1976 年
1997 年 未发现 ✕
1985 年 未发现 ✕
1970
1994 年 未发现 ✕
80 年 ✕
1982 年 未发现 ✕
90 年 未发现 ✕
1973 年

2000 年夏天，台湾一位鸟类摄影家无意中拍到了混居在一大群大凤头燕鸥当中的一只鸟。摄影家认为这极有可能就是失踪已久的中华凤头燕鸥，因此特意求教了鸟类学家，并得以确认。

这只大凤头燕鸥为什么喙部带有黑色斑块？它是不是就是失踪已久的中华凤头燕鸥？

我查了各种资料，还是不敢确认，看来得请教专家了。

教授，我发现有一种鸟长得很特别。您能不能帮我看看？

告诉大家一个好消息，中华凤头燕鸥没有灭绝。

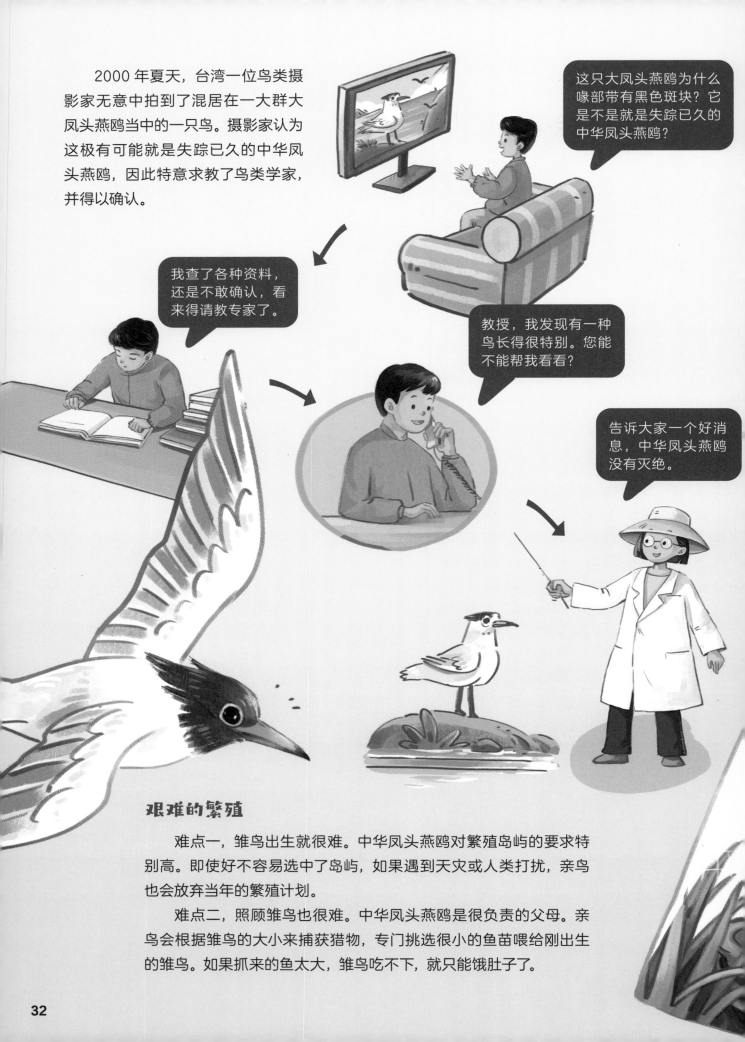

艰难的繁殖

　　难点一，雏鸟出生就很难。中华凤头燕鸥对繁殖岛屿的要求特别高。即使好不容易选中了岛屿，如果遇到天灾或人类打扰，亲鸟也会放弃当年的繁殖计划。

　　难点二，照顾雏鸟也很难。中华凤头燕鸥是很负责的父母。亲鸟会根据雏鸟的大小来捕获猎物，专门挑选很小的鱼苗喂给刚出生的雏鸟。如果抓来的鱼太大，雏鸟吃不下，就只能饿肚子了。

中华凤头燕鸥的繁殖日记

我们这对新手爸妈希望今年可以顺利生下小宝宝为家族添丁。对了，我们主要在中国山东至福建沿海繁殖，祝愿我们早点找到合适的岛屿吧。

2004 年，浙江自然博物院的鸟类研究团队在位于东海的韭山列岛上发现了我们的身影。由于受到台风影响，当年的繁殖并未成功。

之后，我们暂时放弃了韭山列岛。直到 2007 年 6 月，我们才跟着一群大凤头燕鸥重新上岛。鸟群里一共有八只中华凤头燕鸥，不过很可惜，由于有人上岛捡鸟蛋，再次干扰了我们繁殖。

无奈之下，我们彻底放弃了韭山列岛，转到舟山的五峙山列岛进行繁殖。这次，在人们的严密保护下，我们的繁殖终于取得了成功。

大海中的萤火虫——"蓝眼泪"

在东海福建平潭海岸边，每年四月到六月，入夜后，海水就变得如同星空般梦幻、绚烂！当地人用"蓝眼泪"来形容那种如梦似幻的蓝色荧光海水！

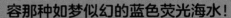

我的海浪观察日记

时间：2023 年 6 月某天夜晚

地点：福建平潭海岸边

观察对象：海浪

发现：海浪有节奏地散发出梦幻般的蓝色荧光。

提出疑问：为什么会有蓝色荧光海浪？

"蓝眼泪"是大海中的萤火虫形成的吗？

"蓝眼泪"其实是某些海洋生物发光的现象，比如夜光藻在夜晚受到外界刺激时会发出蓝绿色的光，这种现象在我国福建平潭等地尤为知名。

▲ 夜光藻

五连环蓝眼泪 ▶

大海发出的生态警告

白天，夜光藻在阳光下呈红色或绿色，虽然无毒，但数量多时就会引发赤潮。要注意防范！

可以触摸"蓝眼泪"吗？

搅动发光的海水固然好玩，但提醒你要小心。如果你的皮肤敏感或者有外伤，千万不要触碰！

夜晚的海洋深处，鱼灯虾火点点——白、蓝、红、黄、绿……漆黑的海底也能被冷光点亮！除了会发光的藻类，鱼类、水母也是发光小能手！

▼ 鳗鱼

我遇到敌人时就能发光！

▼ 幽灵蛸

▼ 鮟鱇

深海中的一点儿亮光是可以保命的！

▼ 警报水母

更大、更凶猛的掠食者快来！帮我吓退敌人！

▼ 僧帽水母

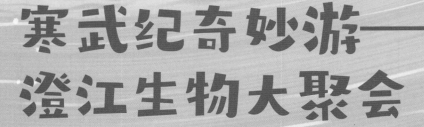

寒武纪奇妙游——澄江生物大聚会

在地球漫长的演化进程中，距今 5 亿多年前的一段时期被称为"寒武纪"。地球上各种生物在这一时期突然大量涌现，这就是"寒武纪生命大爆发"，它是地球生命演化中的关键事件。

看！这就是古生物化石。

▶ 现代昆虫的祖先之一——
延长抚仙湖虫

丁氏武定虫

奇虾

在寒武纪，我们脚下的这片土地是一片浅海。那时包括东海在内，海洋连成一大片，还没有分裂开来。现今地球上几乎所有动物的祖先们，都在这里自由游弋、繁衍生息。

哪些"纪"属于古生代？

古生代是显生宙的第一个代，标志着复杂多细胞生物的快速演化和生物多样性的显著增长。古生代包括六个纪，分别是寒武纪、奥陶纪、志留纪、泥盆纪、石炭纪、二叠纪。其中，寒武纪、奥陶纪和志留纪合称为早古生代，泥盆纪、石炭纪和二叠纪合称为晚古生代。

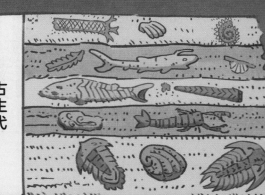

二叠纪	
石炭纪	
泥盆纪	古生代
志留纪	
奥陶纪	
寒武纪	

生命大接力：澄江动物化石群

有这样一个地方的动物化石，展示了早期海洋动物群落，记录了生命的演化。几乎所有现生动物门类的祖先都能在这里找到，这就是位于云南中部的澄江动物化石群。

古虫

◀ 第一块澄江生物群化石——纳罗虫

中华细丝藻

钱包海绵

隐藏和跟踪是我的特技。

洪玫怪诞虫

▲ 古老的潜穴者——帽天山蠕虫

鹦鹉螺类壳形的变化 ▶

▼ 海百合可不是植物哟!

过了寒武纪，来到奥陶纪。鹦鹉螺、海百合的形态越来越高级。鹦鹉螺的壳体结构进化得复杂和精细，能够更好地适应环境的变化。

37

一路下潜——
奋斗者号

奋斗者号是潜水器家族中的新晋明星，能下潜到 10 909 米的深度，比蛟龙号潜得更深、更远。你想知道它的秘密吗？这就给你讲一讲。

▶ 这是奋斗者号在 7 600 米深的海底发现的狮子鱼。它头大尾小，没有鱼鳞，皮肤是透明的。

7 600 米

10 058 米

2020 年 10 月 27 日，初出茅庐的奋斗者号在世界最深的马里亚纳海沟成功下潜到 10 058 米，创造了中国载人深潜的新纪录。

1 500 米

2022 年 9 月，奋斗者号和深海勇士号一起在南海 1 500 米水深区域作业。这是我国首次投入两台载人潜水器联合作业！

10 000 米

2021 年 8 月至 10 月，奋斗者号在西太平洋海域执行了 59 天的深渊科考任务，共下潜 28 次，其中 7 次超过 10 000 米。

奋斗者号基本信息
长：10.3 米　宽：3.2 米
高：4.5 米　载员：3 人

▶ 这是奋斗者号在水深 9 000 米处看到的海葵。

2023 年 3 月 11 日，奋斗者号圆满完成了国际首次环大洋洲载人深潜科考航次任务。

截至 2024 年 3 月，奋斗者号累计下潜了 230 次，其中万米级下潜 25 次。

尽管顶着巨大的海水压力，潜和浮不是件容易事，但奋斗者号的潜浮速度比较龙号提高了 76%，比深海勇士号提高了 20%。

10 909 米

2020 年 11 月 10 日，这一天奋斗者号又战胜了自己，在马里亚纳海沟 10 909 米的深处成功坐底（你可以理解为可给它了一脚刹车）。

▼ 10 909 米有多深？相当于华山和珠穆朗玛峰叠起来那么高。

11 000 米

8 848.86 米

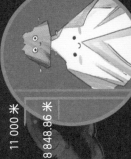

照明摄录设备

多光源，多角度，交叉灯光布局，为它照亮前路。

机械手

机械手有 7 个关节，可 360° 转动，灵活又有劲儿，能拿起 120 斤重的物体。

采样篮

长 1.5 米，宽 1.3 米，科学家需要的工具都在这里面。

载人球舱

直径 1.8 米，有 3 个观察窗，是世界最大的潜水器载人舱。

"金钟罩"外壳——新型钛合金材料

万米深海底的水压，相当于 2 000 头非洲象踩在你的背上！新型钛合金材料不仅能抗住万米水压，还能大大减轻载人舱的重量。

"倒车雷达"——声呐

接近障碍物时，避碰声呐会向潜航员发出警报。

▶ 这是奋斗者号潜到万米深海发现的海参。它的身体是透明的，中间是它的肠道。

奋斗者

风暴潮来临！
警报响应！

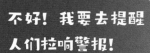

我国是世界上风暴潮灾害非常严重的少数国家之一，风暴潮灾害一年四季均可发生，从南到北海区沿岸均无法幸免。尤其到了夏秋季节，当东海沿岸气温异常升高，人们觉得身上湿漉漉的时候，也许就是风暴潮要到来了。

不好！我要去提醒人们拉响警报！

破坏力巨大的海洋灾害

风暴潮灾害居海洋灾害首位，世界上绝大多数特大海岸灾害都是由风暴潮造成的。台风带来狂风暴雨，所到之处都会造成巨大的损失。

风暴潮是怎么形成的？

强烈的大气扰动，致使海面出现异常升降。从几小时到几天，沿岸海水暴涨，形成了巨大潮灾。

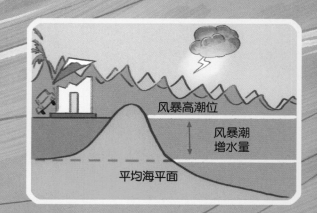

风暴高潮位

风暴潮
增水量

平均海平面

风暴潮等级

根据风暴潮过程中最大增水值,可以将风暴潮强度分为Ⅰ(特大)、Ⅱ(大)、Ⅲ(较大)、Ⅳ(中等)和Ⅴ(一般)五个等级。

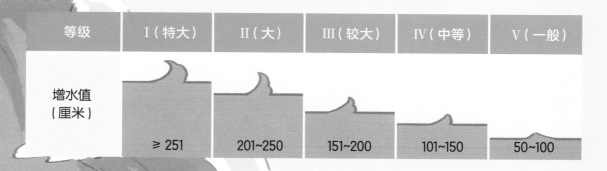

等级	Ⅰ(特大)	Ⅱ(大)	Ⅲ(较大)	Ⅳ(中等)	Ⅴ(一般)
增水值(厘米)	≥ 251	201~250	151~200	101~150	50~100

海洋灾害不止风暴潮

除了风暴潮,还有一种海洋灾害叫"海啸"。它们的形成原因、影响范围和强度等有显著区别,但都会对沿海地区造成重大破坏和人员伤亡。

海洋灾害两兄弟的"邪恶"对话

风暴潮

哈哈哈哈,台风和天文大潮叠加时我最无敌!

别得意!海底地震、火山喷发、海底滑坡引发海啸时,我轻而易举就能对人类造成危害!

海啸

风暴潮

我能引起7~8米高的大浪,海边的人们看到我就会发抖!

我的到来会让大海翻起滔天巨浪……十多米到几十米高的大浪就是我的"必杀技"!

海啸

风暴潮

甘拜下风……

▼ 风暴潮和海啸形成示意图

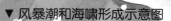

风暴潮发生时,海水转圈流动。

海啸发生时,海水直线流动。

41

小心，是"红色幽灵"！

东海的春夏季节，大自然好像打翻了调色盘似的，海面上呈现出红红的颜色。这可不是什么好事儿！这股"红色幽灵"般的海水不但让海里的生物缺氧，还会对人类造成威胁。

嘻！上次还在嘲笑蛟龙号被浒苔搞得一身绿，臭臭的好难闻。这次我就碰到了赤潮，但……红色海水和我的绿衣服一点儿都不搭……

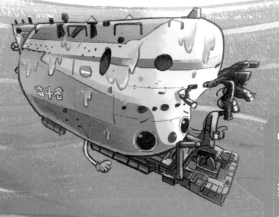

哈哈哈，氮和磷，我们的最爱，多多益善！

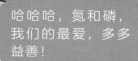

"红色幽灵"到底是什么？

瞧，船下面来了一片可以随着海浪变换形状的红色不明物！原来是浮游植物、单细胞生物或细菌的暴发性繁殖或高度聚集引起的海水变色。这，就是赤潮！

污水排放是祸首

　　赤潮原本是天然形成的，但人类的不合理活动大大加速了赤潮的形成。由于水域污染日益严重，赤潮发生的次数也越来越多。

◀ 赤潮，臭名昭著！它已被国际上列为三大近海问题之一！保护海洋，刻不容缓！

赤潮也害怕"吃土"

　　中国科学家研发出了改性黏土，这种材料能够有效吸附和沉淀引发赤潮的有害藻类，减少其在水体中的浓度，从而达到快速消除局部赤潮的目的。

　　除此之外，以下措施也能有效减少赤潮现象：

我还是更熟悉蓝色的大海！

黏土可以像磁铁一样"吸住"引发赤潮的藻类，让它们变成一大团，从而沉入海底。

▼ 措施 1
减少污水排放，合理控制海洋养殖

▼ 措施 2
养殖经济海藻

▼ 措施 3
用挖泥船挖掉受污染的海底泥

赤潮不只是"赤"

　　红、粉、橙、绿、褐、黑……不同颜色的藻类让赤潮拥有不同的颜色！

塑料垃圾的入侵之旅

注意！发现不明物种！注意！塑料垃圾入侵！

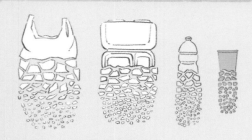

什么是海洋微塑料？

海洋微塑料是指直径小于 5 毫米的塑料碎片或颗粒。它的来源之一是大型塑料垃圾。这种大型塑料垃圾经过风吹日晒或被微生物分解，就会逐渐破碎，成为微塑料。

还有一些本来就是颗粒状的塑料颗粒，比如牙膏中的微型颗粒。

许多海洋动物会误食漂浮在大海中的塑料垃圾，比如海龟就可能会把塑料袋错认为是它们爱吃的水母。误食后，最严重的结果就是导致它们死亡。

海洋中的塑料对海藻来说是非常可怕的"隐形杀手"。当塑料聚集在上方海域时，会将阳光反射出去，藻类无法得到阳光进行光合作用，就会逐渐死亡和消失。

每年有 800 万到 1 200 万吨的塑料垃圾流入海洋！它们的身影遍及全球各大海域，就连南北极地甚至深海都能看到。东海自然也没能逃过它们的魔爪！

许多海鸟会将塑料作为筑巢材料——这倒是个新鲜思路。你觉得海鸟学会用塑料是件好事，可是，代价呢？

10 万只！

每年大约有 10 万只海洋动物因被塑料物质缠绕无法脱身而死亡，包括海豹和鲸类等大型海洋哺乳动物。

珊瑚是塑料"谋害"的另一个对象。微塑料及其携带的细菌和有毒物质进入珊瑚体内，会破坏珊瑚的共生藻，共生藻死亡，珊瑚就会变成暗淡无光的惨白色，这就是珊瑚白化现象。

人类？微塑料怎会放过！

当鱼虾贝类吃下塑料物质之后，被人们捕获就会出现在餐桌上。然后，微塑料会因它们被人们吃掉进入人体。

目前，人类的血液中已经发现了微塑料，不过科学家还没法确定它们对健康的长远影响。

人使用塑料餐具

微塑料进入贝类体内

微塑料进入人体

微塑料进入鱼体内

微塑料进入虾体内

45

连一连

请按顺序将 1~100 的数字用线连起来，将图补充完整。

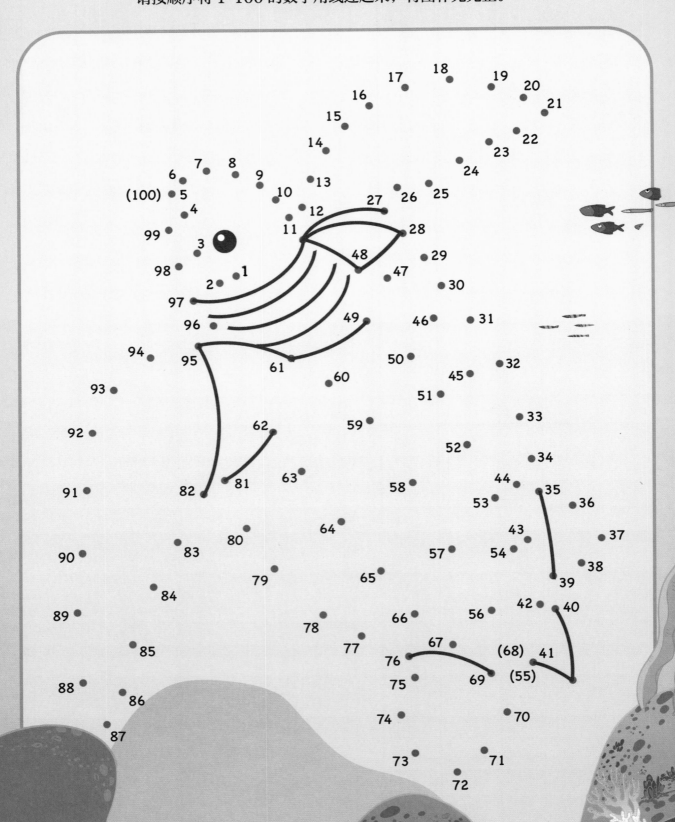